宇宙篇 哇,科学有故事!

宇宙的故事

[韩]朴勇基 / 文　[韩]刘慧京 / 绘　千太阳 / 译

人民东方出版传媒
People's Oriental Publishing & Media

东方出版社
The Oriental Press

为什么星星会出现，
然后又消失呢？

布拉赫

土星的外围还有新的行星吗?

赫歇尔

宇宙是怎样形成的呢?

伽莫夫

目录

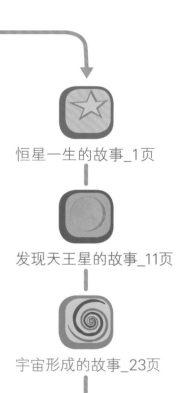

布拉赫老师，听说那颗星星是一颗新出现的星星？

在很久很久以前，人们认为天空是一成不变的，从未想过原有的星星会消失，或有新的星星会出现。原本我也对此深信不疑，直到我发现了一颗新的星星。

1572 年 11 月 11 日傍晚，在实验室里研究了一整天化学物质的丹麦科学家第谷·布拉赫，正走在回家的路上。途中，他和往常一样，抬头看了看天空。满天繁星正在夜空中闪烁着令人瞩目的光辉。

"啊，真的好美！果然比起待在实验室，我更喜欢看群星璀璨的夜空。"

布拉赫非常后悔在实验室消耗了大量时间。

他抬起头，一边寻找熟悉的星座和星星，一边往家中走去。

突然，布拉赫停住了脚步。

"咦？那是什么星星？好像第一次见到呢。"

一颗从未见过的星星，在仙后座上散发着耀眼的光芒。

仙后座

北极星

北斗七星

　　回到家中，布拉赫便用一种叫六分仪的观测工具，准确地观测到那颗星星的位置。

　　如果那颗星星真的是新出现的，那么这将会是一件震惊全世界的重大事件。毕竟谁能想到永恒不变的天空中会出现一颗新星星呢？

每天晚上，布拉赫都对那颗星星的位置和亮度进行记录。
几个月过去了，那颗星星的位置也没有发生任何改变。

那颗星星特别明亮，在白天都能看得见。
布拉赫叫来了仆人，让他们也一起观看那颗星星。

那颗星星的位置一直没有发生任何变化。

令人惊讶的是，那颗恒星连续 18 个月一直在同一个位置闪闪发光。
人们感到恐惧，觉得它是一颗灾星。

过了 18 个月后，星光渐渐暗淡，最终变得若隐若现。
事实上，这颗恒星并没有消失。只是当时没有望远镜，无法继续观测
到而已。

布拉赫决定将自己观测到的资料进行整理，然后出版一本介绍这颗恒星的图书。

不过，始终有一个无法解释清楚的问题在困扰着他。

在布拉赫的认知中，宇宙是非常有秩序的。

天空中的星星应该始终待在原地。

可是天空中出现了一颗新的恒星，接着它又消失不见了。

那么，宇宙是混乱的吗？

因此，布拉赫有些犹豫，不知道自己究竟该不该出这本书。不过，朋友们都劝说他应该让人们知道他的观测结果。最终，布拉赫还是鼓起勇气写完了那本书。

"我要将这颗恒星命名为新星，意为新诞生的星星。"

其实，布拉赫发现的恒星并不是新星，而是一颗超新星。

超新星是比新星更明亮的恒星。

布拉赫没能解释清楚的问题，在之后很长的一段时间里也没能得到解决。足足过了 300 年，科学家们才发现原来恒星也有生和死。

恒星的一生

恒星诞生、成长、消失的过程，称为"恒星的一生"。当宇宙中的氢云被强行聚集到一起，就会释放出大量的光和热。此时，恒星就会诞生。这些恒星最初被称为原恒星。原恒星渐渐变大，就会成为主序星，然后以黑洞或者中子星、白矮星的形态迎接死亡。

恒星的诞生

星云是恒星的前身，由氢、氦等和少量其他元素组成，受到某种冲击或变化时，会发生收缩、凝聚。

0 岁

恒星的归宿

恒星质量的大小决定着它的命运。质量小的恒星会变成白矮星，质量大的恒星会变成黑洞或中子星。白矮星、中子星和黑洞统称为"致密星"。

白矮星

约 137亿岁

中子星

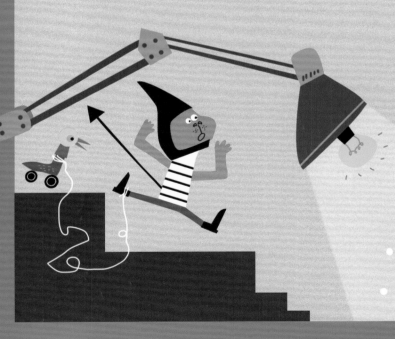

黑洞

恒星的幼年时期

星云不断收缩、凝聚，释放出大量的光和热，而它就是原恒星。

恒星的青壮年时期

氢聚变成氦的过程中，会不停地释放出光，恒星进入最稳定、历时最长的主序星阶段。包括太阳在内的90%的星星都处于主序星阶段。

47亿岁

恒星的老年期

主序星会慢慢变大，变成半径是太阳半径的数十倍，甚至数千倍大的红巨星。

约 100亿岁

超新星

在恒星的老年时期，大量的氦变成其他元素时产生了巨大能量向外剧烈地扩散出去，看着就像是在爆炸一样，这样的恒星叫作"超新星"。

星座和神话

很久以前，人们认为美丽夜空中的众多星星都有着各自的传说。

于是，人们便根据星星组成的形状，给它们标上了神、动物及物品的名字。

仰望夏天和秋天的夜空，我们就能看到星座中的天鹅座。据说，希腊神话中的众神之首宙斯在去见斯巴达的王妃勒达时曾变成一只天鹅，而当时天鹅的模样被保留下来，最终变为如今的天鹅座。天秤座和水瓶座是由于长得像天秤和水瓶，所以才有了这样的名字。

古人非常重视星座。由于星座可以告诉人们方向、季节和时间的变化，所以能够为航海和农业提供很大的帮助。黄道十二宫是人们把太阳一年间的移动轨迹分为十二等份后，在相应的位置上标记出来的星座，所以经常被用于农业和占星术。朝鲜时期的星座地图《天象列次分野之图》也是把天空分为十二份。

而且，给每个星座附加一个故事，或许是人们为孩子们准备的一种有趣的教育方法。因为不管是过去还是现在，故事永远是最有趣的。

星座地图《天象列次分野之图》

赫歇尔老师,
听说您使用巨大的望远镜发现了新的行星?

　　我学习了打磨透镜的方法,然后亲自制作了一个望远镜。而正是在用那个望远镜观察星星、制作夜空地图的过程中,我发现了天王星。这一切都是高性能望远镜的功劳。

在天空中闪烁的星星，称为"恒星"。恒星是指我们看到的待在原地不会移动的星星。

恒星是一种能够自己发光的星星。太阳就属于恒星。

不同于恒星，水星、金星、地球、火星、木星、土星都会按照一定的轨迹移动，它们被称为"行星"，意为行动的星星。

行星通过反射恒星的光而发亮。地球就是一颗行星。

但在以前，人们并不知道这个事实。

人们只是因为地球之外的这五颗星星极其明亮，便觉得它们是非常特别的星星。

17 世纪，伽利略也认为围绕着太阳运转的星星只有地球和五颗行星而已。虽然后来观测天体的科学家越来越多，但从来没有人想到太阳的周围还会存在其他的行星。

地球和五颗行星协调运转就是宇宙的形态。

直到 1781 年，英国天文学家威廉·赫歇尔发现了第七颗行星。

新行星的发现是轰动整个科学界的大事件。

赫歇尔是一位在作曲方面取得巨大成就的著名音乐家。然而，他并不满足于此，从 30 岁时起他便与妹妹卡罗琳一起观测星星，写观测笔记。

赫歇尔的观测笔记

打磨透镜
每天我都会花16个小时打磨透镜。我要用这个透镜制作望远镜。

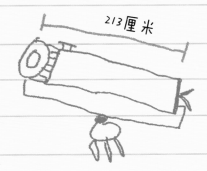
213厘米

望远镜制作完成
终于成功地制作出一架长度为213厘米的望远镜。

开始观测
在院子里摆好望远镜，每天晚上观测夜空。闪闪发亮的星星，就像是在演奏美妙动听的交响乐，扣人心弦。

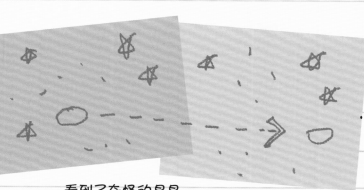

看到了奇怪的星星

今天遇到了一件令人惊讶的事情。一颗像圆盘状的奇特的星星，连续几天都在缓缓地移动着。

彗星

奇特的星星

详细地观测

今天也对那颗星星进行了观测。从没有尾巴的情况来看，它肯定不是彗星。

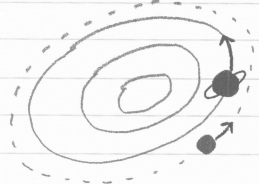

观测移动的方向

那颗星星在跟着土星移动。

赫歇尔认真地看了看自己的观测笔记。

在翻来覆去想了好久后，他小心翼翼地对卡罗琳说："这颗星星说不定是一颗行星。"

"行星？"

"移动的方向与行星非常相似。我们发现了太阳系的一颗新行星。"

"哇！这个发现一定能震惊全世界。"

卡罗琳开心地笑了。

这颗星星是第七颗行星。

赫歇尔根据当时国王乔治三世的名字，把这颗星星命名为"乔治星"，然后将这颗星星是行星的事实告诉了皇家学会。

其实，在赫歇尔之前，这颗星星也有好几次被人们观测到。

只不过由于太过暗淡，加上移动缓慢，所以任何人都没想到它会是一颗行星。

乔治星被改名为"天王星"。

天王星是乌拉诺斯，希腊神话中的天空之神。

土星是萨图尔努斯，罗马神话中的农业和季节之神。

乌拉诺斯是泰坦的父亲。

萨图尔努斯是朱庇特的父亲。

后来，很多天文学家开始观测这颗星星。随着观测资料越来越多，它终于被认定为行星。

这是人类借助肉眼以外的工具——望远镜发现的第一颗行星。

为太阳系增添一颗新行星，这是人类历史上一个重要的里程碑。

后来，人们渐渐不再称呼这颗行星为乔治星，而是改称为"天王星"。

木星是朱庇特。朱庇特是罗马神话中的众神之王，相当于希腊神话中的宙斯。

火星是玛尔斯，罗马神话中的战争之神。

朱庇特是玛尔斯的父亲。

在赫歇尔发现天王星之后，科学家们对天王星的移动轨迹进行了计算。但奇怪的是，天王星实际的移动路线并不符合计算出来的结果。

肯定是天王星外围还有其他的行星。

我们应该计算一下那颗行星的位置。

然后将望远镜对准到那个计算出来的位置上。

1846 年 9 月 23 日夜晚，德国天文学家伽勒发现了一颗行星。

这颗行星就是太阳系的第八颗行星——海王星。

他并没有直接观测到这颗行星，而是英国天文学家亚当斯和法国天文学家勒维耶率先计算出了结果后，他再观测计算出来的位置，这才发现那里真的存在一颗行星。

因此，有些人把这颗行星称为"笔尖下发现的行星"。

赫歇尔幸运地发现从未有人知晓的太阳系的第七颗行星，正是因为这一发现，人们才得以发现第八颗行星。

太阳系

太阳系是指太阳及受到太阳引力约束，从而绕着太阳运转的九大行星、小行星、彗星的集合体。九大行星离太阳由近到远，以水星、金星、地球、火星、木星、土星、天王星、海王星、冥王星的顺序排列着。另外，绕着行星运转的卫星也属于太阳系的天体。

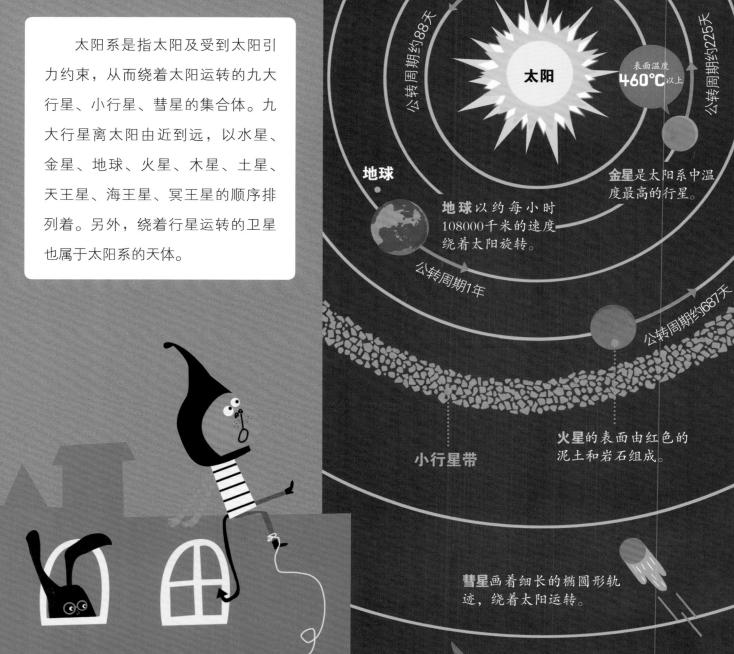

水星由于太靠近太阳，所以没有大气层。

太阳

表面温度 460℃ 以上

公转周期约88天

公转周期约225天

地球

地球以约每小时108000千米的速度绕着太阳旋转。

公转周期1年

金星是太阳系中温度最高的行星。

公转周期约687天

小行星带

火星的表面由红色的泥土和岩石组成。

彗星画着细长的椭圆形轨迹，绕着太阳运转。

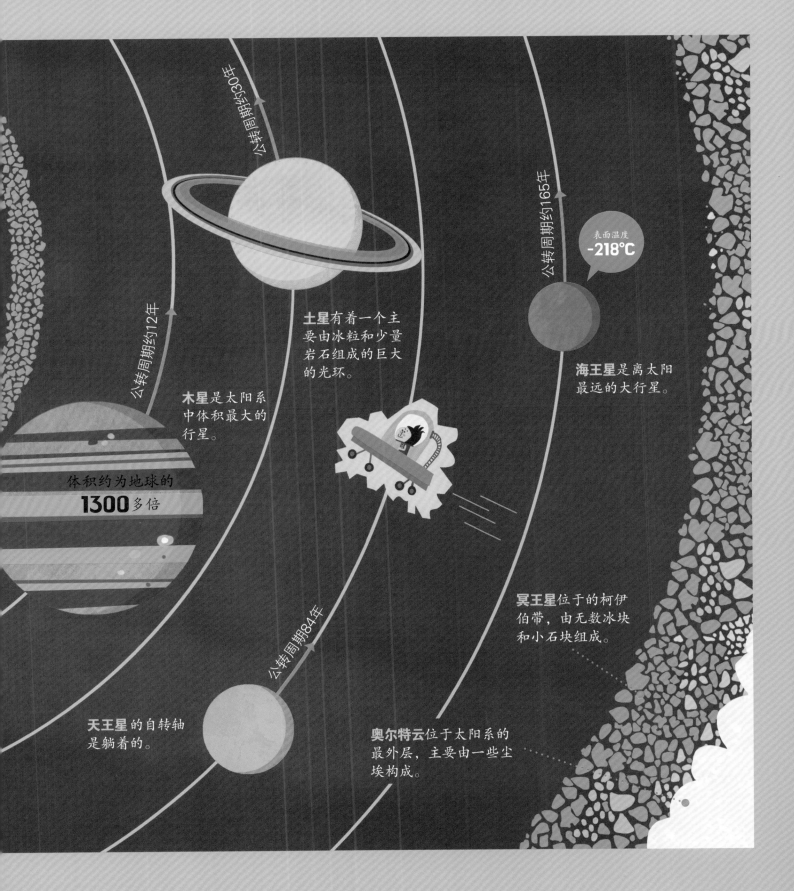

公转周期约30年

公转周期约165年

表面温度
-218℃

公转周期12年

土星有着一个主要由冰粒和少量岩石组成的巨大的光环。

木星是太阳系中体积最大的行星。

海王星是离太阳最远的大行星。

体积约为地球的
1300多倍

冥王星位于的柯伊伯带，由无数冰块和小石块组成。

公转周期84年

天王星的自转轴是躺着的。

奥尔特云位于太阳系的最外层，主要由一些尘埃构成。

综合知识

科学+历史

诅咒之星——彗星

　　彗星名字中的"彗"字带有"用扫帚扫"的含义。彗星的头部和其长长的尾巴看着就像是一把扫帚，所以人们便称它们为"彗星"。早在数千年前，人类就已经开始观测彗星。然而每当彗星出现，世间就会暴发洪水、饥荒，甚至是流行传染病，给国家带来动荡，所以人们往往对彗星充满了恐惧，甚至用"扫把星"来形容拖累别人的人。朝鲜古代文献中就有记载：新罗真平王时期，彗星出现，侵犯象征着国王的星座，不久便有外敌入侵等，灾祸不断，导致民不聊生。据说那时，一位叫融天师的高僧编了一首名为《彗星歌》的诗歌。而随着这首《彗星歌》被人们传诵，彗星消失，倭国也退兵了。

　　有传言说，每当彗星现世，就会有一位国王或伟人逝世。据说，罗马帝国的著名皇帝凯撒大帝遭遇暗杀时，曾出现过彗星。

　　17世纪，英国天文学家哈雷证实彗星只是一颗绕着太阳运转的天体。然而，人们对它的恐惧并没有消失。后来，哈雷计算彗星的周期，预测彗星重新出现的时间。直到彗星再次出现在哈雷预测的时间里，人们才渐渐以科学的眼光看待它。

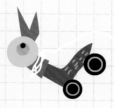

哈雷彗星每隔76年出现一次

22

伽莫夫老师，
宇宙真的是通过一场大爆炸形成的吗？

在科学家们的努力下，人们渐渐接受了恒星有生和死。不过，我认为宇宙也和恒星一样，有诞生的过程。但是人们嘲笑我说："哈哈，太搞笑了！居然有人会认为宇宙是在'砰'的一声爆炸中形成的。"

1919 年，美国天文学家爱德文·哈勃终于来到朝思暮想的威尔逊山天文台。位于加利福尼亚州的威尔逊山天文台上，摆放着当时全球最大、直径为 254 厘米的大型望远镜。

哈勃从小就喜欢仰望天空，观察星星，但是一直因父亲的反对而没能实现自己的愿望。直到父亲去世后，哈勃才有机会学习天文学，并得偿所愿，可以在威尔逊山天文台观测星星。

1923 年的一天，哈勃正在用巨大的望远镜观测仙女座的星云。

一直以来，哈勃都认为仙女座星云是由气体和尘埃组成的。

然而，意想不到的事情发生了。

他居然在仙女座星云中看到了无数颗星星。

哈勃计算了一下仙女座星云中的星星与地球之间的距离。

令人惊讶的是，这段距离足有 90 万光年远。1 光年是光在 1 年中移动的距离。那么，90 万光年的距离意味着光需要移动 90 万年才能抵达。

"这究竟是什么情况？我们所生活的银河系直径才只有约 10 万光年那么大，但仙女座星云却离我们有 90 万光年远。它怎么可能比我们的银河系还要遥远呢？"

银河系

仙女座星云

如今，仙女座星云被称作"仙女座星系"。

虽然哈勃说仙女座星云离银河系有90万光年远，但实际上是250万光年。

　　在那之前，人们以为我们所生活的银河系就是宇宙的全部。

　　但是仙女座星云居然距离我们 90 万光年远。哈勃一时间无法接受这个事实。

　　最终，哈勃了解到我们银河系的外围还有着其他的星系和星云，而我们所生活的银河系只不过是其中的一个。

　　虽然如今已经证实地球到仙女座星系的距离是 250 万光年，但正是因为有了哈勃的发现，我们才能得知其他星系的存在。

1929 年，哈勃发现了一个重要的问题。

在对银河系外围的星系进行观测之后，他发现银河系与其外围星系之间的距离正在逐渐变远。

这是任何人都没有察觉到的事情，就连哈勃本人也无法解释。

哈勃绞尽脑汁地思考这个问题，最终发现了一个重大的秘密。

"其他星系之所以逐渐远离银河系，是因为宇宙在膨胀。"

不得不说，这是一个非常伟大的发现。

谁又能想到宇宙在不断膨胀呢？

在当时，大部分人还认为宇宙是永恒不变的。

于是，当哈勃发表宇宙正在膨胀的论文时，一下就轰动了整个世界。

许多科学家对他的观点展开了激烈的争论。

在气球上画上星系，然后开始
吹气球。气球在膨胀的同时，
星系之间的距离也会变远。宇
宙也是如此。

在读过哈勃论文的众多科学家中，就有一位来自苏联的名叫乔治·伽莫夫的科学家。

伽莫夫认为既然宇宙正在膨胀，那么就应该能倒推出宇宙的形成。

不过，英国天文学家霍伊尔却否定了伽莫夫的观点。

因为他坚信宇宙是永恒不变的。

伽莫夫的观点

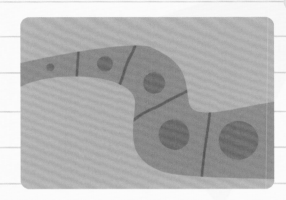

就像把电影快退一样，如果将宇宙的时间进行逆转，那么过去的宇宙肯定比现在要小。

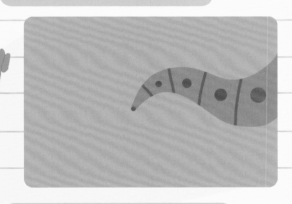

最终，宇宙将变成一个很小的点。而宇宙就是起源于这个点。

霍伊尔的观点

宇宙一直都是相同的模样。你说宇宙始于一个点？那么，现在的宇宙又是怎么形成的？莫非是那个点"砰"一声爆炸形成的吗？

霍伊尔否定了宇宙始于一个点的观点，并使用"砰"的大爆炸（"big bang"）来嘲讽伽莫夫。

之后，随着人们对宇宙的研究越来越深入，赞同伽莫夫观点的科学家变得越来越多。他们认为宇宙的起源就是如伽莫夫认为的那样，源于一场大爆炸。

另外，搞笑的是，当初霍伊尔在嘲讽大爆炸宇宙论时所采用的"big bang"一词，被用在了大爆炸宇宙论的官方名称里。

宇宙

宇宙是指地球所在的太阳系、太阳系所在的银河系，以及银河系所在的整个世界。宇宙是一个很小的点发生大爆炸后形成的。从大爆炸发生到现在约 138 亿年期间，宇宙一直都在不停地膨胀。宇宙中既有气体和尘埃组成的星云，也有无数星星聚到一起形成的星团和星系。

星云

由气体和尘埃组成，看着像是一团云。新星会在这里诞生。

马首形状的星云

4% 星云、星团、星系在宇宙中占据的空间

人类目前可观测到的宇宙距离

约138亿光年

光年：光移动1年的距离 ———— 1年

星团

由数十颗到数百万颗的星星聚集在一起形成。根据形状可分为球状星团、疏散星团等。

呈球形的球状星团

形状不规则的疏散星团

星系

由数千亿颗星星聚集而成。主要分为椭圆星系、螺旋星系和不规则星系。星系中有数百个、数千个星团以及各种不同的星云。

椭圆星系

螺旋星系

银河系

太阳系所属的星系，称为银河系。

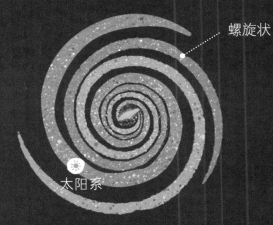

螺旋状

太阳系

从上方看到的银河系

银河系直径约**10**万光年

太阳系

太阳系直径
33000光年

从侧面看到的银河系

什么是无限大？

生活中，人们经常会使用"无限多""无限大"等带有"无限"的词。

无限，是非常多或非常大的意思。从很久以前开始，人们就接触"无限"的概念，但是很难解释清楚它的含义。

不过，有一个方法可以让人轻易就能理解"无限"的含义。

大家可以数一数自然数1、2、3……，是不是可以数到无限大？0和1之间也有无限多的数，例如0.1、0.01、0.001……，多到数不胜数。

那么，0和1之间的数与自然数当中，哪一组数更多呢？答案是0和1之间的数更多。怎么样？是不是觉得很神奇？

人们把这种无限多的情况称为"无限大"，同时用符号"∞"来表示。

那么，宇宙是不是无限大，星星是不是无限多呢？以前，人们都是这么认为的。如果星星的数量是无限多的，那么宇宙的夜晚就应该像白天一样明亮。可是夜晚非常漆黑，而星星也各自散发着美丽的光芒。虽然星星的数量在不断增加，但由于宇宙也在渐渐膨胀，所以宇宙不会变得比现在更明亮。再说，星星的数量也不一定无限多吧？

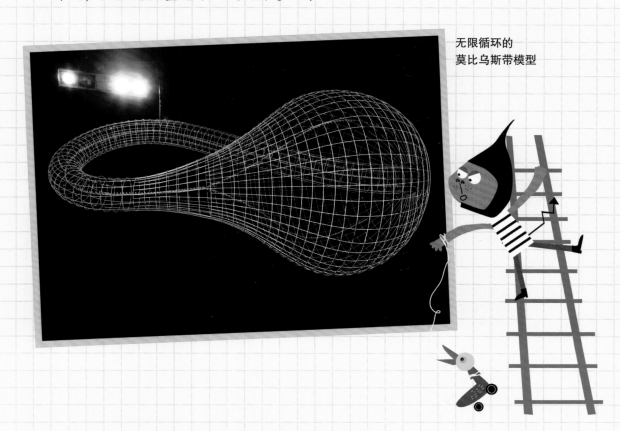

无限循环的
莫比乌斯带模型

在无数的星星当中，有没有星星长得与地球相似呢？

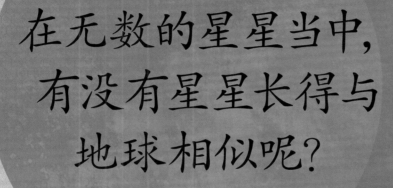

据说宇宙中有千亿个星系，而每一个星系中则有数千亿颗星星。不过，也有人认为宇宙中看不见的暗物质比我们看得见的星星和星系加起来还要多。为了揭开宇宙的神秘面纱，科学家们正不断研发各种尖端设备，同时在无数颗星星中寻找着与地球相似的星球。

📖 1572年

发现超新星

布拉赫在仙后座上发现一颗超新星。

📖 1781年

发现天王星

赫歇尔用自己制作的望远镜，发现太阳系的第七颗行星——天王星。

📖 1846年

发现海王星

伽勒对亚当斯预测过的、勒维耶计算过的可能有行星的位置进行观测，最终发现了太阳系的第八颗行星——海王星。

📖 标记的部分是正文中出现的内容。

宇宙膨胀说登场

哈勃观测到星系逐渐远离银河系的现象，从而证实宇宙膨胀的观点。

📖 1948年

大爆炸理论的发表

伽莫夫发表宇宙起源于一个点的大爆炸理论。霍伊尔对大爆炸宇宙论的反对，令大爆炸理论更被人所熟知。

现在

如今，天文学家们会对宇宙中飞来的微弱光芒进行分析，从而找出暗物质所在的地方。不过，人们最关心的事情无疑是从无数星星当中寻找与我们的地球相似的星球。

图字：01-2019-6047

图书在版编目（CIP）数据

宇宙的故事 /（韩）朴勇基文；（韩）刘慧京绘；千太阳译 . —北京：东方出版社，2020.7
（哇，科学有故事！ 第一辑，生命·地球·宇宙）

ISBN 978-7-5207-1481-5

Ⅰ . ①宇… Ⅱ . ①朴… ②刘… ③千… Ⅲ . ①宇宙—青少年读物 Ⅳ . ① P159-49

中国版本图书馆 CIP 数据核字（2020）第 038690 号

哇，科学有故事！ 宇宙篇·宇宙的故事
（WA，KEXUE YOU GUSHI! YUZHOUPIAN · YUZHOU DE GUSHI）

作　　者：［韩］朴勇基 / 文　　［韩］刘慧京 / 绘
译　　者：千太阳

策划编辑：鲁艳芳　杨朝霞
责任编辑：杨朝霞　金　琪
出　　版：东方出版社
发　　行：人民东方出版传媒有限公司
地　　址：北京市西城区北三环中路6号
邮　　编：100120
印　　刷：北京彩和坊印刷有限公司
版　　次：2020年7月第1版
印　　次：2020年7月北京第1次印刷　2021年9月北京第4次印刷
开　　本：820毫米 × 950毫米　1/12
印　　张：4
字　　数：20千字
书　　号：ISBN 978-7-5207-1481-5
定　　价：398.00元（全14册）
发行电话：（010）85924663　85924644　85924641

✒ 文字　［韩］朴勇基

1963年出生于庆尚北道盈德郡。小时候观看夜空中的星星和银河的经历，以及跟童年玩伴们在田野里和河边玩耍的回忆成为想要为孩子们写书的动机。希望科学知识能够让孩子们发现大自然的神奇，同时帮助他们实现美好生活。主要作品有《64的秘密》《彩虹战士》《牡丹的后裔》《玛丽，阿萨比亚》《似懂非懂天气书》《最早的人类是谁呢》等。

🎨 插图　［韩］刘慧京

原本是动漫游戏公司的职员，后来在工作中对童书产生兴趣，于是成为一名插画家。主要作品有《飞向世界的纸飞机》《描绘太阳光：文森特·梵高》《蝴蝶》《连接世界的桥梁》等。

哇，科学有故事!（全33 册）

扫一扫
看视频，学科学